Bianzhi Xianxue
Jiben Zhenfa

编织先学

基本针法

姚建玲　主编

辽宁科学技术出版社

· 沈阳 ·

本书编委会

主　编　姚建玲

编　委　谭阳春　贺梦瑶　李玉栋

图书在版编目（CIP）数据

编织先学基本针法 / 姚建玲主编. -- 沈阳：辽宁
科学技术出版社，2012.9
ISBN 978-7-5381-7618-6

Ⅰ．①编… Ⅱ．①姚… Ⅲ．①毛衣针—绒线—编织—
基本知识②钩针—绒线—编织—基本知识 Ⅳ．① TS935.52

中国版本图书馆 CIP 数据核字（2012）第 176894 号

如有图书质量问题，请电话联系
湖南攀辰图书发行有限公司
地址：长沙市车站北路 236 号芙蓉国土局 B 栋 1401 室
邮编：410000
网址：www.penqen.cn
电话：0731-82276692　82276693

出版发行：辽宁科学技术出版社
　　　　　（地址：沈阳市和平区十一纬路 29 号　邮编：110003）
印　刷　者：湖南新华精品印务有限公司
经　销　者：各地新华书店
幅面尺寸：185mm × 260mm
印　　张：7
字　　数：80 千字
出版时间：2012 年 9 月第 1 版
印刷时间：2012 年 9 月第 1 次印刷
责任编辑：王玉宝　攀　辰
封面设计：多米诺设计·咨询　吴颖辉　黄凯妮
版式设计：攀辰图书
责任校对：合　力

书　　号：ISBN 978-7-5381-7618-6
定　　价：23.80 元
联系电话：024-23284376
邮购热线：024-23284502
淘宝商城：http://lkjcbs.tmall.com
E-mail：lnkjc@126.com
http：//www.lnkj.com.cn
本书网址：www.lnkj.cn/uri.sh/7618

前言
Preface

　　编织是一种手工艺术，也是一种修身养性的方式。

　　作为一名编织爱好者要保持良好的心态，拥有专心的态度，尽可能排除一切干扰，达到心神合一的状态，在充分享受编织乐趣的同时也是塑造自我心静的一种方式，可以培养耐心、健脑益智、凝神静气，实现思想净化的完美过程。如果能拥有这样的编织爱好，不但可以创作出唯美的编织艺术品，还可以培养良好的性格品质，从而实现家庭的美满和谐，促进社会的和谐发展。

　　此书介绍了100多种棒针与钩针纯针法的认识与应用，附有各种针法图解，步骤图片精美详细，文字阐述言简意赅，适合编织新手学习和使用，让你轻轻松松地就能掌握棒针与钩针的使用方法，并帮助你解决编织过程中的难题。

　　当然，由于个人水平有限，如在阅读过程中有所纰漏，在所难免，在此恳请广大读者批评与指正。

作者：姚建玲

CONTENTS
目 录

棒针篇

棒针编织的起收针法 /041

棒针编织的缝合法 /050

↘ 钩针篇

钩针编织的基本针法 /053

棒针篇

棒针编织的基本针法

※ 下针（正针）

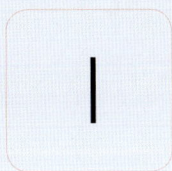

样片

1 将右棒针穿入左棒针的第1个线圈内。

2 在右棒针上绕线。

3 将线从线圈内引出。

4 最后，将引出线的右棒针拨下。

※ 上针（反针）

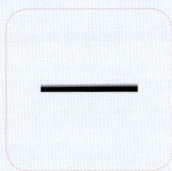

样片

1 将右棒针从外向内穿入左棒针的第1个线圈内。

2 将线从外向内绕出来。

3 将线从线圈内向外引出。

4 最后，将引出线的右棒针拨下。

※ 浮 针

∀

样片

1 将右棒针的线从后面放到前面（即正面）。

2 将左棒针的第1个线圈拨下，套在右棒针上不织。

3 然后，再将线从前面放到后面（即背面），继续往下织。

※ 滑 针

∩

样片

将左棒针第1个线圈挂在右棒针上不织。

※ 卷 针
（加针）

ω

样片

将线打环套在右棒针上不织，织左棒针。

※ 空 针 （加针）

〇

样片

1　将线从后面放到前面。

2　将右棒针穿入左棒针的第1个线圈内。

3　将线从内向外绕在右棒针上。

4　把绕上来的线从线圈内引出。

5　最后，将引出线的右棒针拨下。

※ 扭 针

Ⴕ

样片

1　扭针的穿法是从后面线圈内穿入。

2　将线从外向内在右棒针上绕线。

下针的穿法：从前面线圈穿入。

3　引出线。

4　引出后把右棒针拨下。

※ 左加针

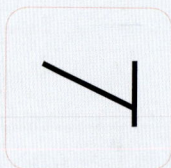

样片

1 将线从内向外绕在右棒针上。

2 把绕上来的线从线圈内引出。

3 最后,将引出线的右棒针拨下。

4 将线从内向外绕在右棒针上。

5 把绕上来的线从线圈内引出。

6 最后,将引出线的右棒针拨下。

※ 右加针

样片

1 将右棒针穿入左棒针的第 1 个线圈下面的线圈内。

2 在针上绕线。

3 引出线挂在右棒针上。

4 再将右棒针插入线圈内。

5 引出线织下针。

6 将左棒针抽出。

※ 延伸针

样片正面

1 将右棒针插入左棒针的第1个线圈下面若干行里的线圈内（一般按花样定）。

2 在右棒针上绕线。

样片反面

3 将线引出拉长，拨下。

4 反面织上针。

※ 兜针

样片

1 左棒针第1、第2针织反针（上针），织好后再移到左棒针上。

2 将线从第2针的前面绕到第1针的后面。

3 再把左棒针上的2针反针移到右棒针上。

4 继续往下编织。

※ 船针

样片

1 将右棒针插入左棒针的针缝处。

2 在右棒针上绕线。

3 把线引出来。

4 再将右棒针插入第1个线圈内。

5 合并1针。

6 再织第2针下针。

7 最后，第3针也织下针，左棒针抽出。

※ 拉针

样片

1 将右棒针插入织物的某行某针缝间（看编织花样而定）。

2 将线绕在右棒针上。

3 将线拉出。

4 再将右棒针插入左棒针的第1个线圈内。

5 在右棒针上绕线。

6 将线从线圈和拉出的线圈内引出。

7 将引出线的棒针拨出。

8 继续往下编织。

※ 1针放3针

$$\vee_3 = \text{IOI}$$

样片

1 右棒针插入左棒针的第1个线圈内。**2** 织1针下针。**3** 加1针。**4** 再插入原线圈。**5** 再加1针。**6** 再织1针下针。**7** 左棒针抽出。

※ 右上交叉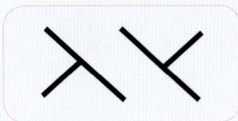

样片

1 将左棒针上第 1 个线圈和第 2 个线圈交换位置，且第 1 个线圈盖住第 2 个线圈。

2 2针织下针。

※ 左上交叉

样片

将左棒针上第 1 个线圈和第 2 个线圈交换位置，且第 2 个线圈盖住第 1 个线圈。

※ 中上 3 针交叉

样片

1 先将左棒针的第 1 个线圈和第 3 个线圈交换，第 1 个线圈挂在左棒针上，第 3 个线圈挂在右棒针上。

2 再把第 2 个线圈挂在左棒针上。

3 最后，把挂在右棒针上的第 3 个线圈移到左棒针上。

※ 左上3针交叉

样片

1 将左棒针的第3个线圈挑在右棒针上。

2 再将右棒针上的线圈移到左棒针上织下针。

※ 右上3针交叉

样片

1 将左棒针的前3针取下，先把第1个线圈挂在左棒针上，再把第3个、第2个线圈挂在左棒针上，并且第1个线圈盖住第2个、第3个线圈。

2 将针插入继续织下针。

※ 上针右上2针并1针

样片

1 将右棒针从右侧穿入左棒针的第2个线圈和第1个线圈内。

2 合并织上针。

3 织完后将左棒针取下。

※ 下针右上2针并1针

样片

1 先用右棒针从左棒针拨下1针。

2 再将右棒针插入第2个线圈内。

3 织1针下针。

4 再将左棒针插入右棒针拨下的线圈内。

5 把拨下的线圈翻压在1针下针上面。

※ 上针左上2针并1针

1 将左棒针2针交换位置。

2 第1个线圈压住第2个线圈。

样片

3 然后，用上针把这两针并结在一起。

4 拨下。

※ 下针左上2针并1针

1 右棒针向下从左棒针的第2个线圈中插入，再接着插入第1个线圈内。

2 在右棒针尖上加1针。

样片

3 将2针并结成1针，引出。

4 最后，将右棒针取下。

※ 下针右上3针并1针

1 右棒针从左棒针上拨下1针。

2 再将右棒针从下插入左棒针的第3个线圈内，再接着插入第2个线圈内。

样片

3 把这2针用下针并结成1针。

4 然后，用拨下的针翻压在并针上面。

※ 下针中上3针并1针

1 将右棒针插入左棒针的第2个线圈中将其拨下，将第1个线圈再套在左棒针上。

2 再将右棒针从下插入左棒针的第3个线圈内，再接着插入第1个线圈内。

样片

3 将这2针用下针并结成1针。

4 然后，将拨下的针翻压在并针上面。

※ 下针左上3针并1针

样片

1 将右棒针向下穿入左棒针的第3个线圈，再接着插入第2个线圈和第1个线圈内。

2 在右棒针尖上绕线。

3 将这3针并成1针。

※ 左上 2 针和 1 针 交叉

1 将左棒针的前 3 个线圈取下。

2 左棒针从第 3 个、第 2 个线圈 后面插入第 1 个线圈内。

样片

3 然后，右棒针从前面插入第 2 个、第 3 个线圈内。

4 最后，将右棒针的 2 个线圈移 到左棒针上。

※ 右上 2 针和 1 针交叉

样片

1 将左棒针的前 3 个线圈取下。

2 用左棒针从第 3 个线圈前面 插入第 2 个和第 1 个线圈内。

3 再将剩下的第 3 个线圈挂在左 棒针上。

※ 左上 2 针交叉

样片

1 将左棒针前 4 个线圈拨下。

2 用左棒针从第 4 个、第 3 个线圈后面插入第 2 个、第 1 个线圈内。

3 再用右棒针将第 3 个、第 4 个线圈挂在左棒针上。

※ 右上 2 针交叉

样片

1 将左棒针前 4 个线圈取下。

2 用右棒针从第 1 个、第 2 个线圈后面插入第 3 个、第 4 个线圈，用左棒针从前面插入第 2 个、第 1 个线圈内。

3 然后，将挂在右棒针上的第 3 个、第 4 个线圈挂在左棒针上，且第 1 个、第 2 个线圈盖住第 3 个、第 4 个线圈。

※ 左上3针交叉（6麻花）

1 将左棒针前6个线圈取下。

2 用左棒针在第6个、第5个、第4个线圈后面依次插入第3个、第2个、第1个线圈内。

样片

3 用右棒针再依次插入第4个、第5个、第6个线圈内。

4 再把右棒针上的3个线圈挂在左棒针上。

※ 右上3针交叉（6麻花）

1 将左棒针前6个线圈取下。

2 用右棒针在第1个、第2个、第3个线圈后面插入第4个、第5个、第6个线圈内。

样片

3 再用左棒针从前面插入第3个、第2个、第1个线圈内。

4 最后，把右棒针上的3个线圈挂在左棒针上。

※ 左上3针并1针再加3针

样片

1 右棒针依次插入左棒针左侧的第3个、第2个、第1个线圈内，并织1针。

2 左棒针不抽出，再在右棒针上加1针。

3 再次插入左棒针的3个线圈内。

4 将线引出。

5 左棒针抽出。

※ 3针2行节编织

样片

1 先在左棒针第1线圈内织1针下针，左棒针不抽出。

2 加1针。

3 再织1针下针，左棒针抽出。

4 将右棒针上织好的3针移到左棒针上。

5 然后，用右棒针将这3针并织1针。

6 左棒针抽出。

※ 3针3行玉编织

样片

1　在左棒针第1个线圈内先织下针。

2　再加1针。

3　再在同一针内织下针。

4　接着在反面将加出的针按上、下、上织出3针。

5　再在正面将左棒针前两针移到右棒针上。

6　第3针织下针。

7　在移过去的2针内插入左棒针。

8　用右棒针将织好的下针引出（盖过第3针）。

※ 3 针 5 行玉编织

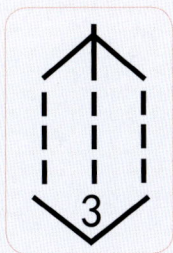

样片

1 在左棒针第 1 个线圈内织出下针，加 1 针织下针，即在 1 针中织出 3 针的加针。

2 再换拿在反面，将加出的 3 针按上针织。

3 换拿在正面，将这 3 针织下针。

4 再换拿在反面，将这 3 针织上针。

5 正面将这 3 针 1 次插入。

6 并织 1 针。

※ 3 针 5 行反面 玉编织

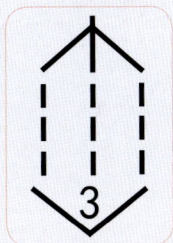

样片（织物是反针）

1 在左棒针第 1 线圈内织出下针，加 1 针下针，即在 1 针中编出 3 针的加针。

2 再换拿在背面，将加出的3针按下针织。

3 换拿在正面，将这3针织上针。

4 再换拿在背面，将这3针织下针。

5 正面将这3针一次性插入。

6 并织1针。

※ 5针2行节编织

5

样片

1 在左棒针第1针内织出5针的加针：先织下针，再加1针。

2 在同线圈内再织下针，加1针。

3 再织下针，左棒针抽出。

4 用钩针从右侧一次性插入5针内，在钩针上绕线。

5 把线从5针内钩出来。

6 然后，将钩针上的线圈移到右棒针上。

※ 5针3行玉编织

样片

1 在左棒针的第1个线圈内一次性加5针。

2 换拿,在反面将加出的5针织上针。

3 换拿,在正面将5针内的右边3针不织,移到右棒针上。

4 左边的2针用右棒针一次性插入。

5 织下针。

6 最后,用左棒针将移到右棒针上的3针一针一针地拨出,盖过前一针。

※ 5针5行 玉编织

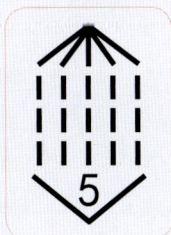

样片

1 在左棒针第1针内一次性加5针。

2 换拿，在反面将加出的5针织上针。

3 换拿，在正面将这5针织下针。

4 换拿，在反面将这5针织上针。

5 将5针内的右边3针不织移到右棒针上。

6 左侧2针用右棒针从左侧一次性插入并织1针。

7 用左棒针将移到右棒针上的3针一针一针地拨起，盖上编织针。

※ 5针5行 反面编织

样片

1 在右棒针第1针内一次性加5针。

2 换拿，在反面将加出的5针织上针。

3 换拿，在正面将5针全织下针。

4 换拿，在反面将5针全织上针。

5 将上针内的右边3针不织移到右棒针上。

6 左侧2针用右棒针从后面插入并织1针。

7 用左棒针将移到右棒针上的3针一针一针拨出，盖上编织针。

※ 5 针 5 行上针编织

样片

1 在左棒针第 1 针内一次性加织 5 针。

2 换拿，在背面将加出的 5 针织下针。

3 换拿，在正面织 5 针上针。

4 换拿，在背面织 5 针下针。

5 用右棒针一次性插入 5 针内。

6 并织 1 针，左棒针抽出。

※ 3 行编下方的 球状（正面）

样片

1 将右棒针插入左棒针下面第 3 行线圈内。

2 取同一高度织出下针，加1
针下针。

3 取下左棒针第1个线圈。

4 换拿，在背面将加出的3针织
上针。

5 换拿，在正面按中上3针并1
针，即把中间的线圈和右棒针
前面第1个线圈换位置，中间
线圈盖过第1个线圈。

6 将这3针并织1针。

※ 4行编下方的球状
（反面）

样片

1 将右棒针插入左棒针第1个
线圈第4行针眼内。

2 在同一针圈内，取同一高度织
出下针，加1针下针。

3 取下左棒针的第1个线圈。

4 换拿，在背面将加出的3针
织上针。

5 换拿，在正面将这3针按中上
3针并1针，即中间线圈和左
边第3个线圈换位置，中间线
圈盖过第3个线圈。

6 将这3针并织1针，左棒针
抽出。

※ 1 针扭针和 1 针下针的左上交叉

样片

❶

❷

❸

❹

❺

❻

❼

1 把线放在正面，将右棒针插入左棒针的第 2 个线圈内。 **2** 在右棒针尖上绕线。 **3** 把线从内向外引出。 **4** 把线放在后面。 **5** 再将右棒针插入第 1 个线圈内。 **6** 织下针。 **7** 左棒针抽出。

※ 穿右针交叉

样片

1 用右棒针将左棒针第 2 个线圈拨出，盖过第 1 个线圈。

2 插入前面第 2 个线圈内。

3 织下针。

4 接着再插入第 1 个线圈内。

5 织下针，左棒针抽出。

※ 穿左针交叉

样片

1 右棒针从前面插入左棒针第 1 个线圈和第 2 个线圈内，不织，移到右棒针上。

2 左棒针插入移到右棒针的第1个线圈内。

3 盖过第2个线圈，移到左棒针上。

4 左棒针再插入第2个线圈内。

5 右棒针抽出，从左侧再次插入第2个线圈，织下针。

6 右棒针从左侧插入左棒针第1个线圈内。

7 织下针，左棒针抽出。

※ 右上滑针的1针交叉

样片

1 将右棒针从背面插入左棒针第1个线圈和第2个线圈之间的缝隙处。

2 右棒针再从前面插入第2个线圈。

3 织下针。

4 再插入第2个线圈不织，挂在右棒针上。

5 左棒针抽出。

※ 左上滑针的1针交叉

1 右棒针从前面插入左棒针的第2个线圈内。

2 拉长不织，再次插入第1个线圈内。

样片

3 织下针。

4 左棒针抽出。

※ 左拉针（3针时）

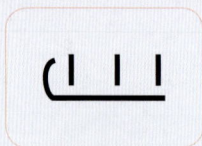

样片

1 先织出3针，将左棒针插入右棒针的第3个、第4个线圈之间。

2 在左棒针尖上绕线。

3 把绕的线引出来。

4 挂在右棒针上。

5 用左棒针从拉出的线圈里面把右棒针第1个线圈拨下来，再挂在右棒针上，即盖过拉线。

※ 右拉针（3 针时）

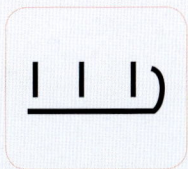

样片

1 将右棒针插入左棒针的第 3 个、第 4 个线圈之间。

2 在针上绕线。

3 把线引出来。

4 挂在左棒针上。

5 用右棒针从拉出的线圈内将第 1 个线圈引出。

6 最后，再挂在左棒针上。

※ 右镂空针（2 针时）

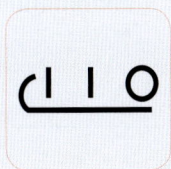

样片

1 先织镂空针，即先加 1 针。

2 再将右棒针插入左棒针第1
个线圈内。

3 织1针下针。

4 再插入第2个线圈织下针。

5 左棒针插入镂空线圈（即加
针的线圈）内。

6 拨出，盖上左边2针。

※ 左镂空针（2针时）

样片

1 在上针面编织，在右棒针上
加1针，即镂空针。

2 左棒针第1针织上针。

3 左棒针第2针上针。

4 左棒针插入镂空针内。

5 将镂空针拨下，盖过前两针。

6 继续织上针。

※ 穿右滑针（2针时）

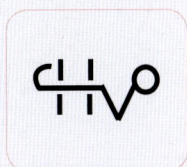

样片

❶

❷

❸

❹

❺

❻

❼

1 先织镂空针。**2** 右棒针从前面插入左棒针第1针内。**3** 不织移到右棒针上（即滑针）。**4** 第2针织下针。**5** 第3针织下针。**6** 左棒针插入右棒针的滑针内。**7** 将滑针拨出，盖过左边2针。

※ 穿左滑针（2针时）

样片

1 织完2针，再将2针移回到左棒针上。

2 右棒针插入第3个线圈内。

3 将第3个线圈拨出，盖上右边2针。

4 将2针再移到右棒针上。

5 再织镂空针，继续普通编织。

※ 穿左针（3针时）

样片

1 右棒针插入左棒针的第3个线圈内。

2 挑下来盖过第2个、第1个线圈。

3 右棒针插入第1针。

4 织下针。

5　加1针。

6　再插入第2针织下针，左棒针抽出。

※ 穿右针（3针时）

样片

1　将左棒针的3针不织移到右棒针上。

2　左棒针插入右棒针的第1针内。

3　拨出盖上左边2针。

4　再将2针移到左棒针上。

5　第2针织下针。

6　加1针。

7　第3针织下针，左棒针抽出。

※ 3针的上拉针（3行时）

样片

1 先织1针下针，再在左棒针第2个线圈第3行内插入右棒针。

2 挂线，拉出线挂在右棒针上。

3 第2针织下针。

4 再在同一线圈内拉出线挂在右棒针上。

5 第3针再织下针。

6 再在同一线圈内拉出线挂在右棒针上。

7 换拿，在背面将拉出的线和左邻的线圈2针一起织上针。

8 2针织上针。

9 2针织上针。

10 继续普通编织。

棒针编织的起收针法

※ 单边起针法

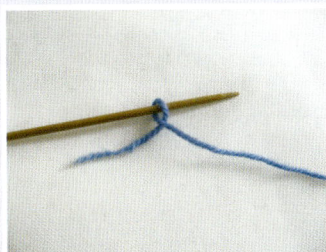

1 在针上套环。

2 右棒针放在左棒针下。

3 在右棒针上挂线。

4 抽出，挂在左棒针上。

5 再将右棒针插入2针之间。

6 挂线，抽出。

7 挂在左棒针上（下针）。

8 右棒针再从外向内插入前2针之间。

9 挂线。

10 抽出，挂在左棒针上（上针）。

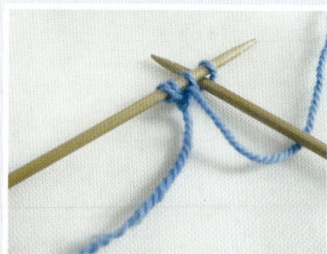

11 再继续插入前2针之间。

12 挂线。

13 抽出，挂在左棒针上（下针）。

14 再将右棒针从外向内插入前2针之间。

15 织上针，挂在左棒针上。

16 重复以上步骤的操作。

※ 狗牙针起针法

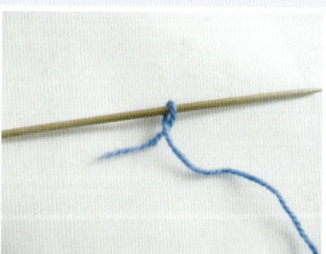

1 打环，套在针上。

2 重复。

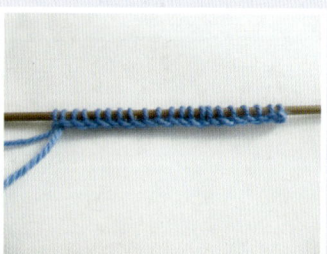

3 织1行下针。

4 织1行上针。

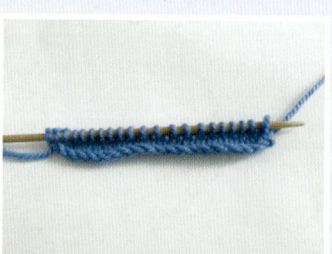

5 再织1行下针。

6 开始织狗牙，第1针不织，引拨到右棒针上。

7 右棒针上挂线，将右棒针依次插入第2个线圈和第1个线圈内。

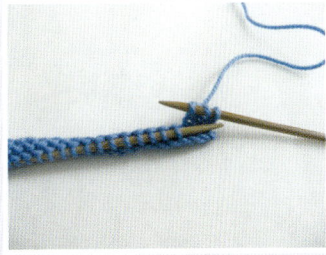

8 并织下针。

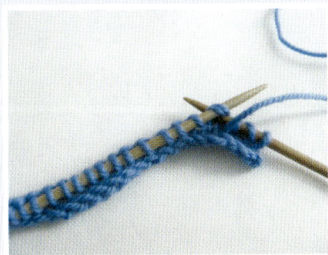

9 挂线，将右棒针再次插入2个线圈内。

10 并织下针。

11 重复。

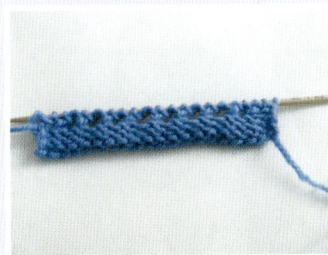

12 反面织上针。

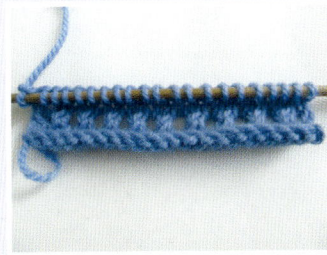

13 织下针。

14 将起初的边穿入棒针。

15 对折合并。

16 用第3根棒针插入2根棒针的第1个线圈内。

17 合并织1针上针。

18 将针再插入 2 根棒针的线圈内。

19 合并织 1 针上针。

20 重复至所有针织完成。

※ 锁针起针法

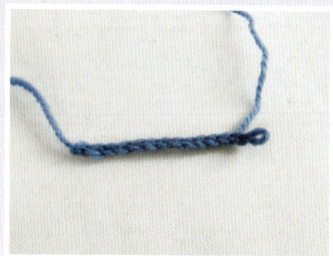

1 用钩针钩 1 条辫子。

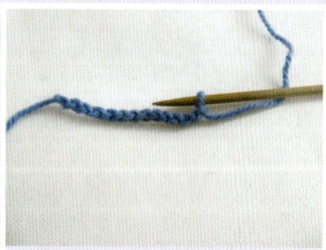

2 将棒针穿入线圈。

3 将棒针插入辫子背部凸出处。

4 织下针。

5 再插入辫子背部凸出处。

6 织下针。

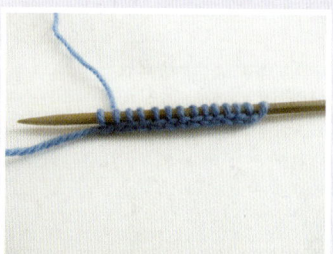

7 重复以上步骤的操作。

※ 别线起针法

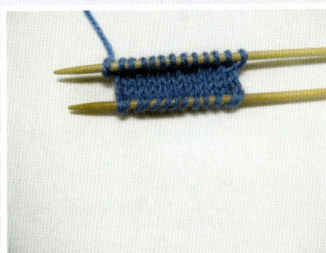

样片

1 先用别线（红色的废线）钩1条辫子。

2 在辫子背部凸出处插入棒针。

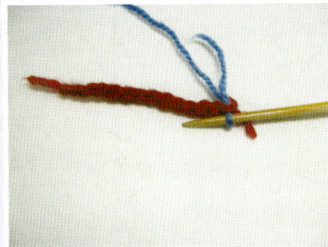

3 用选定的蓝色线织下针。

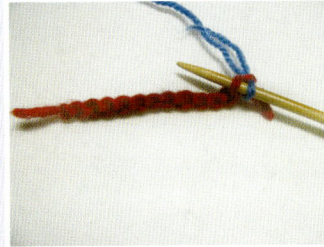

4 第2针也如此，将棒针插入辫子背面凸出处。

5 织下针。

6 继续重复。

7 织完若干行后，将别线（红色的废线）抽出，用另1根棒针穿入线圈内。

※ 双层起针法

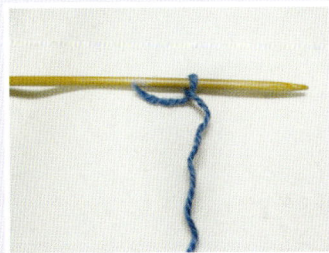

1 在针上套环。

2 把右棒针放在左棒针下。

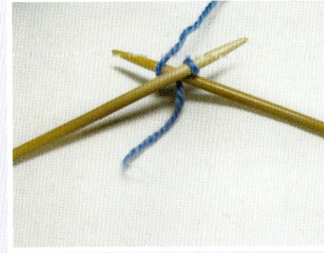

3 在右棒针上绕线。

4 引出。

5 挂在左棒针上。

6 再将右棒针插入线圈与线圈之间的空隙处。

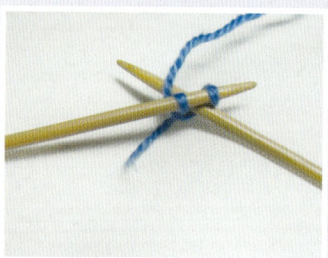

7 右棒针上挂线。

8 引出。

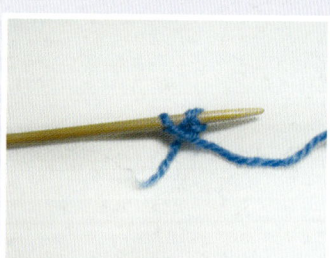

9 挂在左棒针上（下针）。

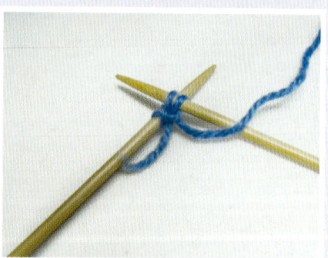

10 在第1个线圈和第2个线圈空隙处插入右棒针。

11 挂线。

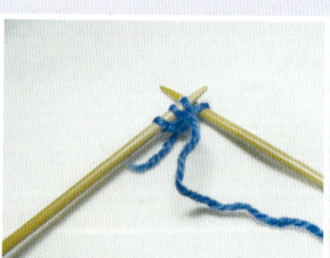

12 引出。

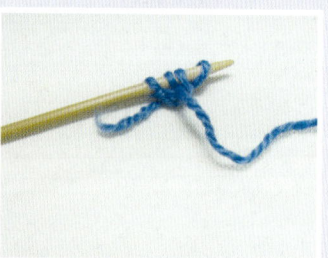

13 挂在左棒针上（反针）。

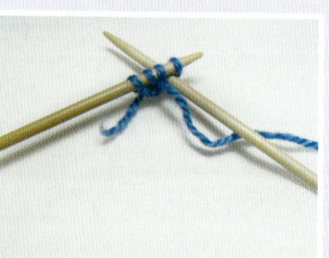

14 再将右棒针插入前2个线圈之间的空隙处。

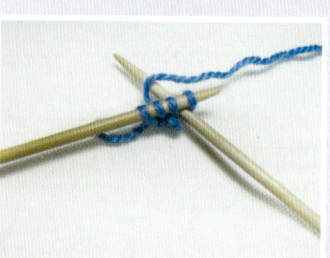

15 挂线。

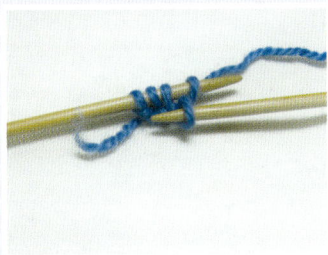

16 引出。

17 挂在左棒针上（下针）。

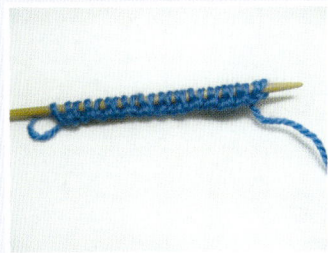

18 如此重复。

19 边织好（要仔细看，凸出处织下针，凹下处不织），第1针是在凸出处织下针。

20 第2针是凹下处，把线放前面，将右棒针由后插入。

21 不织，引拨到右棒针上。

22 再把线放在后面。

23 第3针是凸出处，织下针。

24 第4针是凹下处，把线放在前面，将右棒针从后插入。

25 不织，引拨到右棒针上。

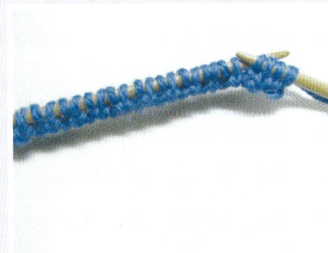

26 再把线放到后面。

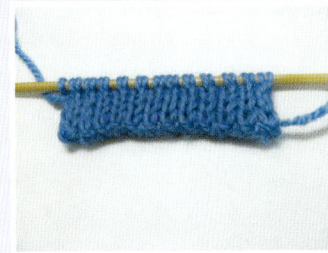

27 继续重复以上步骤的操作。

※ 平针起针法

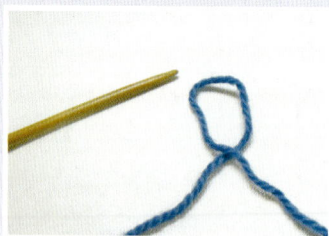
1 先将线打环。

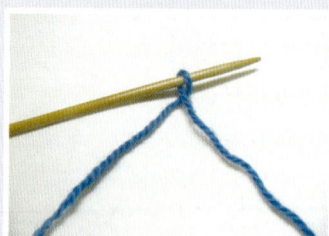
2 套在针上。

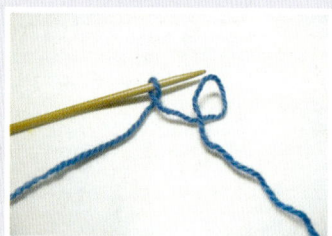
3 再打环。

4 再套上。

5 重复以上步骤的操作。

※ 平针收针法

样片

1 第1针不织，引拨到右棒针上。

2 第2针织下针。

3 左棒针插入右棒针上引拨下的线圈内。

4 挑起，盖过第2个线圈，这时，右棒针上由2针变成1针。

5 继续下一针，织下针。

6 左棒针再插入前面的线圈。

7 挑起，盖过织好的下针。继续重复以上步骤的操作。

※ 罗纹收针法

样片

1 第1针不织，引拨到右棒针上。

2 第2针下针织上针。

3 将左棒针插入前面的线圈内。

4 挑起穿过第2个线圈，此时，右棒针由原来的2针变成1针。

5 将右棒针抽出，压过线，再穿进原来的线圈里。

6 第3针上针织下针。

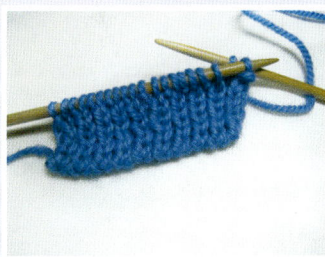

7 再将左棒针插入前面线圈。

8 挑起穿过第2个线圈，此时，由原来的2针变成1针。

9 再将右棒针抽出，将线盖上，再穿进原来的线圈。

10 第4针下针织上针。

11 将右棒针抽出，压过线，再插入原来的线圈里，依此类推。

棒针编织的缝合法

样片

1 将织物开始的线头穿进针里，将针插入另 1 个织物的上针里。

2 拉出，再将针插入织物的上针里。

3 拉出，再将针插入另 1 个织物的上针里。

4 拉出线。

5 再将针插入织物的上针里。

6 拉出线。

7 再插入另 1 个织物的上针里。

8 拉出线。

9 再插入织物上针里，拉出线。继续以上步骤的操作。

※ 平针边与边的缝合法

样片

1 将针在左边织物的辫子与辫子之间的线缝里穿出。

2 拉出，再插入另一织物的辫子与辫子之间的线缝里。

3 拉出。

4 再插入右织物辫子与辫子之间的线缝里。

5 拉出。

6 再插入左织物辫子与辫子之间的线缝里。

7 拉出。

8 再插入右织物辫子与辫子之间的线缝里。

9 拉出。继续重复以上步骤。

※ 平针针与针的缝合法

样片

1 将第1个织物的线头穿进针里，再穿进第2个织物的第1个线圈里，再抽出。

2 再将针线穿入第1个织物的第1个和第2个线圈里，再抽出。

3 再将针线穿入第2个织物的第1个和第2个线圈里，再抽出。

4 再将针线穿入第1个织物的第2个和第3个线圈里，再抽出。

5 再将针线穿入第2个织物的第2个和第3个线圈里，再抽出。

6 再将针线穿入第2个织物的第3个和第4个线圈里，再抽出。

7 再将针穿入第1个织物的第3个和第4个线圈里，再抽出。

8 反复以上步骤的操作。

钩针编织的基本针法

※ 辫子针

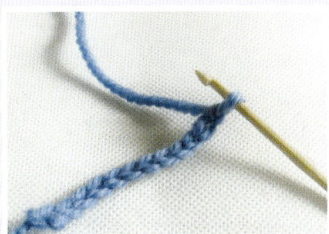

1 先将线头打 1 个活节。

2 再将钩针穿入活节里。

样片

3 在钩针上绕线。

4 将线从活节里引出。

※ 短针

1 将针插入辫子针针眼内。

2 挂线，抽出。

样片

3 挂线。

4 一次性引拨抽出 2 个线圈。

※ 扭花短针

1 将针插入针眼内，抽出。

2 将针尖从内向外旋转1圈。

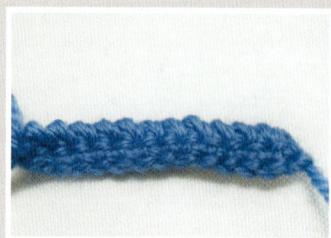

样片

3 挂线。

4 一次性引拨抽出。

※ 扭转短针

样片

1 钩块的方向不变，钩针插入右边的针眼内。

2 挂线。

3 抽出。

4 挂线。

5 一次性引拨穿出线圈。

※ 引拨针

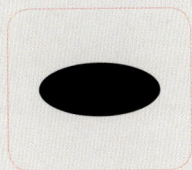

样片

1 将针插入辫子下面的针眼内。

2 将线钩出。

3 一次性引拨穿过线圈。

※ 短针的条纹针

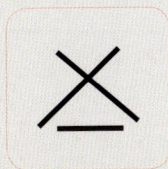

样片

1 将针插入边缘辫子的一侧缝隙内。

2 引出线。

3 再绕线，一次性引拨穿出线圈。

※ 短针的菱钩针

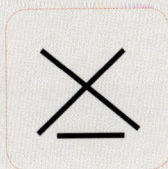

样片

1 将针插入边缘辫子的一侧缝隙内。

2 引出线。

3 绕线，一次性引拨穿出线圈。

※ 中长针

样片

1 在针上绕线。

2 将针插入针眼内。

3 将线引出。

4 再次绕线。

5 一次性引拨穿出线圈。

※ 中长针的条纹针

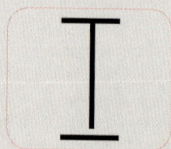

样片

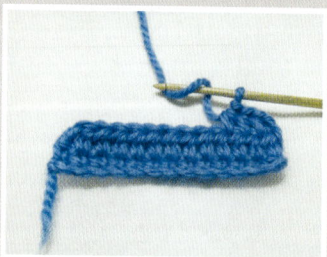

1 挂线。

2 将钩针在前行针圈的前半针处插入。

3 抽出。

4 挂线。

5 一次性引拨穿出线圈。

※ 长针

样片

1 针上挂线。

2 穿入针眼。

3 将线引出。

4 再绕线。

5 引拨穿出 2 个线圈。

6 再次挂线。

7 一次性引拨穿出线圈。

※ 长针的交叉钩针

样片

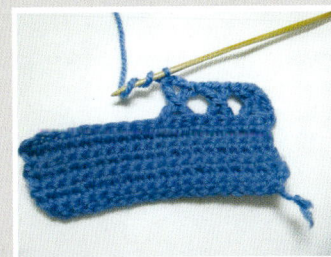

1 在针上绕线 2 圈。

2 将针插入辫子针的针眼内。

3 挂线，抽出。

4 挂线，引拨穿出 2 个线圈。

5 针上挂线。

6 将针插入第 3 针辫子针的针眼内。

7 挂线，抽出。

8 挂线，引拨穿出 2 个线圈。

9 挂线，引拨穿出 2 个线圈。

10 挂线，引拨穿出 2 个线圈。

11 挂线，引拨穿出 2 个线圈。

12 织 2 针辫子针。

13 挂线，将针插入刚织好的"人"字交叉处。

14 挂线，抽出。

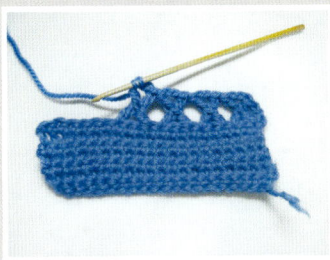

15 挂线，引拨穿出 2 个线圈。

16 挂线，引拨穿出 2 个线圈。

※ 长针的条纹针

样片

1 挂线。

2 再将针在前行 1 个针圈的前侧半针处插入。

3 挂线，抽出。

4 挂线。

5 引拨 2 个线圈。

6 挂线。

7 一次性引拨穿出线圈。

※ 长长针

样片

1 在钩针上绕 2 周。

2 将针插入针眼内。

3 在针上挂线。

4 引出线。

5 绕线。

6 引拨穿出 2 个线圈。

7 再绕线。

8 再引拨穿出 2 个线圈。

9 再绕线。

10 最后，一次性引拨穿出 2 个线圈。

※ 三卷长针

样片

1 在钩针上绕 3 圈。

2 将针插入针眼。

3 在针上挂线。

4 把线钩出。

5 再绕线。

6 引拨穿出 2 个线圈。

7 再绕线。

8 引拨穿出 2 个线圈。

9 绕线。

10 引拨穿出 2 个线圈。

11 绕线。

12 最后，一次性引拨穿出 2 个线圈。

※ 中长针 3 针的枣形针

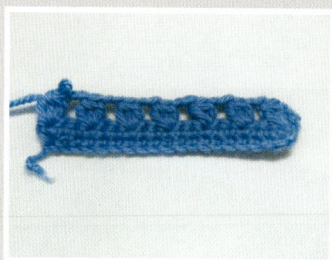

样片

1 在针上绕线。

2 将针穿入针眼内。

3 绕线，把线引出。

4 绕线，引拨穿出 2 个线圈。

5 再绕线。

6 再插入原针孔内，把线引出。

7 绕线，引拨穿出 2 个线圈。

8 绕线。

9 再插入原针孔内，把线引出。

10 绕线，引拨穿出 2 个线圈。

11 绕线。

12 一次性引拨穿过 3 针未完成的长针和针上的线圈。

※ 将中长针3针的枣形针钩成束状

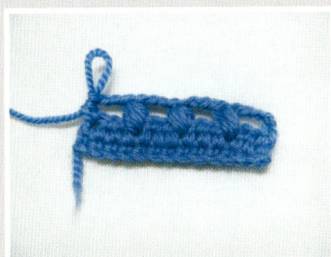

样片

1 钩3针立针、2针辫子针，共5针。

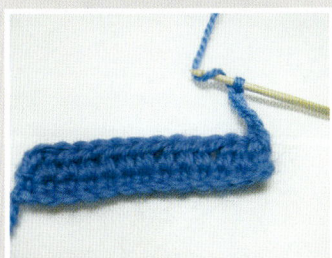

2 绕线。

3 将针插入前方第3针的针眼内。

4 挂线，抽出。

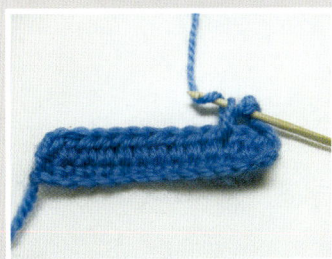

5 挂线。

6 再插入同一针眼，挂线，抽出。

7 挂线。

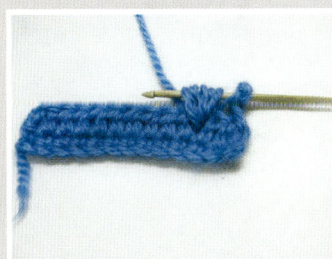

8 再插入同一针眼，挂线，抽出。共重复3次。

9 挂线，一次性引拨穿出所有线圈。

10 再钩3针辫子针。

※ 变化的中长针 3 针的枣形针

样片

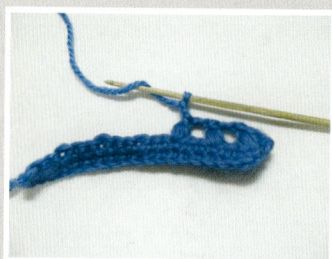

1　在针上绕线。

2　将针穿入线圈内。

3　绕线，引出。

4　绕线，引出。

5　绕线，引出（连续钩出 3 个中长针）。

6　绕线。

7　引拨穿出未完成的中长针。

8　再绕线，一次性引拨穿过剩余的 2 个线圈。

※ 将变化的3针枣形针钩成束状

样片

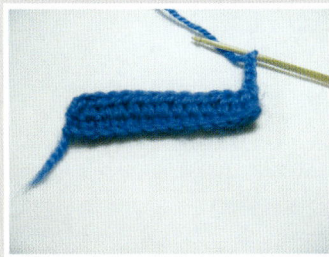

1 钩5针辫子针（其中3针是立针）。

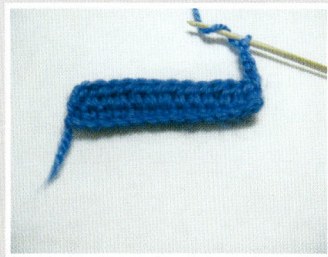

2 挂线。

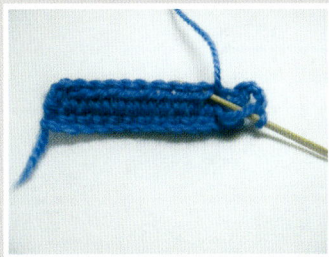

3 将针插入前方第3个针眼内。

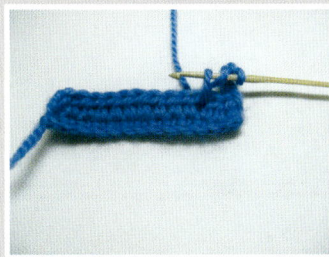

4 挂线，抽出。

5 挂线。

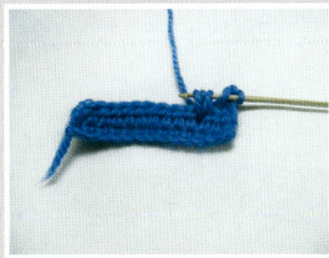

6 再插入同一针眼内，挂线，抽出。

7 挂线。

8 再插入同一针眼内，挂线，抽出。

9 挂线。

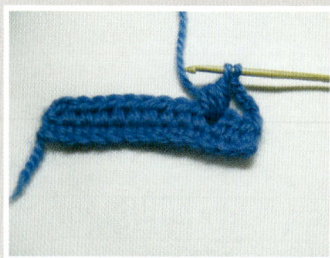

10 挂线，引拨穿出 6 个线圈。

11 挂线。

12 一次性引拨穿出 2 个线圈。

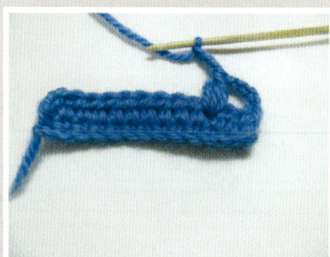

13 再钩 3 针辫子针。

※ 长针 3 针的枣形针

样片

1 挂线。

2 将针插入前方的针眼内。

3 挂线，抽出。

4 挂线，引拨穿出 2 个线圈。

5 挂线。

6 插入同一针眼内，挂线抽出。

7 挂线，引拨穿出 2 个线圈。

8 挂线。

9 插入同一针眼内，挂线，抽出。

10 挂线，引拨穿出 2 个线圈。

11 挂线，一次性引拨穿出所有线圈。

※ 长针 3 针的枣形针 2 针并 1 针

样片

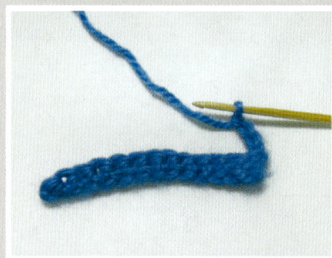

1 钩 5 针辫子针。

2 挂线。

3 插入第 2 个线圈内，挂线，抽出。

4 挂线，引拨穿过 2 个线圈，这是第 1 针未完成的长针。

5 挂线。

6 在同一线圈内，再钩 2 针未完成的长针。

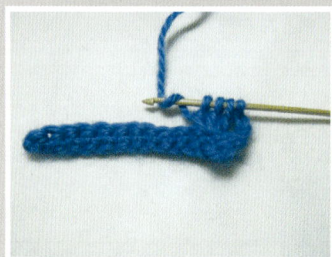

7 挂线。

8 隔 2 个线圈插入，再钩 3 针未完成的长针。

9　挂线。

10　一次性引拨穿过所有线圈。

11　再钩 4 针辫子针，继续重复以上步骤的操作。

※ 将长针 3 针的枣形针钩成束状

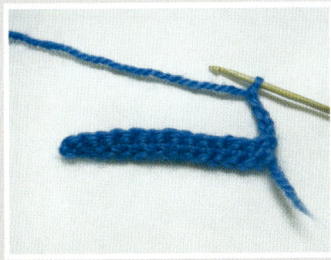

样片

1　在针上绕线。

2　将针穿入线圈内。

3　绕线，引出。

4　绕线，引出。

5　绕线，引出（连续钩出 3 针中长针）。

6 挂线。7 插入同一针眼内，挂线，抽出。8 挂线，引拨穿出2个线圈。9 挂线。10 插入同一针眼内，挂线，抽出。11 挂线，引拨穿出2个线圈。12 挂线，一次性引拨穿出4个线圈。13 再钩3针辫子针，继续以上步骤的操作。

※ 变化的长针 3 针的枣形针

样片

1　在针上绕线。

2　将针穿入针孔内。

3　绕线，引出。

4　绕线，引拨穿出 2 个线圈。

5　再重复以上步骤，在原针孔钩出 2 次挂线。

6　挂线。

7　引拨穿出未完成的中长针。

8　挂线，再次引拨穿出剩余的 2 个线圈。

※ 长针 5 针的枣形针

样片

1 挂线。

2 插入前面的针圈内。

3 挂线，抽出。

4 挂线。

5 引拨穿出 2 个线圈，第 1 针未完成的长针钩好。

6 在同一线圈内再插 4 次针，钩 4 针未完成的长针。

7 挂线。

8 将 2 针并 1 针钩出。

※ 将长针 5 针的枣形针钩成束状

样片

1 钩 5 针辫子针。

2 挂线。

3 插入第 2 个线圈里, 挂线, 抽出。

4 挂线, 引拨穿过 2 个线圈, 第 1 针未完成的长针钩好。

5 在同一线圈内插针, 再钩 4 针未完成的长针。

6 挂线。

7 一次性引拨穿过所有的线圈。

8 再钩 3 针辫子针, 继续重复以上步骤的操作。

※ 长长针 5 针的枣形针

样片

1 先在针上绕 2 圈。

2 将针穿入针孔内。

3 挂线，把线引出。

4 绕线，引拨穿出 2 个线圈。

5 绕线，再次引拨穿出 2 个线圈。

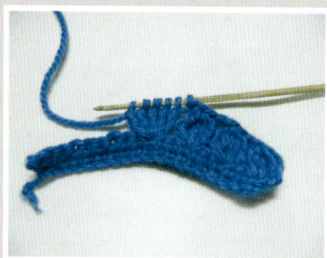

6 重复以上步骤的操作，在原针孔内钩出 4 针长长针。

7 绕线。

8 一次性引拨穿出未完成的 5 针长长针和针上的线圈。

※ 拉出的立针处钩织中长针 3 针的枣形针

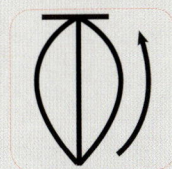

样片

1 钩 1 针短针，并拉长针环。

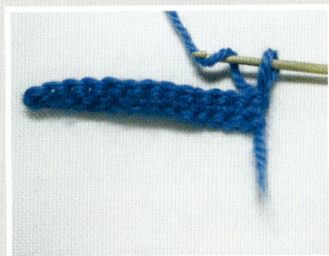

2 挂线。

3 将针插入环下面的针眼内。

4 挂线，抽出。

5 挂线。

6 再插入同一针眼内，挂线，抽出。

7 挂线。

8 再插入同一针眼内，挂线，抽出。

9　挂线。

10　一次性引拨穿出 7 个线圈。

11　再钩 1 个辫子。

12　将针插入前方第 3 个针眼内。

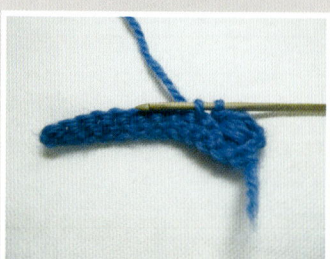

13　挂线，抽出。

14　挂线，一次性引拨穿出线圈，
　　并拉长针环。

※ 将长针 2 针的枣形针钩成束状

样片

1　挂线。

2　插入前方第 2 个针眼内。挂线，
　　抽出。

3   挂线。

4   引拨穿出 2 个线圈。

5   挂线。

6   插入同一针眼内, 挂线, 抽出。

7   挂线。

8   引拨穿出 2 个线圈。

9   挂线。

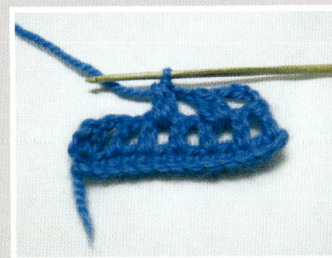

10   一次性引拨穿出 3 个线圈。

11   再钩 3 针辫子针。

※ 长针 2 针的枣形针 2 针并 1 针

样片

1 钩 5 针辫子针。

2 挂线。

3 插入第 2 个线圈内，挂线，抽出。

4 挂线，引拨穿过 2 个线圈，这是第 1 针未完成的长针。

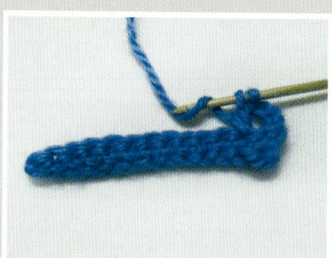

5 挂线。

6 在同一线圈内，再钩第 2 针未完成的长针。

7 挂线。

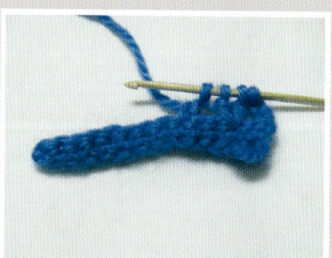

8 隔 1 个线圈插入，挂线再钩 1 针未完成的长针。

9 在同一线圈，再钩 1 个未完成的长针。

10 挂线。

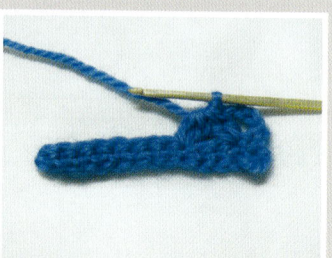

11 一次性引拨穿过所有线圈。

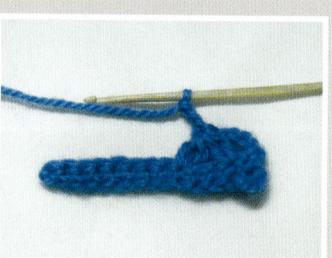

12 再织 4 针辫子针，继续重复以上步骤的操作。

※ 中长针 5 针的圆锥针（爆米花针）

样片

1 针上绕线。

2 穿入针孔内。

3 在同一针眼内钩出5针中长针。

4 把钩针抽出。

5 将钩针插入最初中长针的辫子针中。

6 再插入最后的线圈。

7 把线圈从最初的辫子针中抽出。

8 绕线。

9 一次性引拨出线圈。

※ 长针 5 针的圆锥针（爆米花针）

样片

1　针上绕线。

2　穿入线圈内。

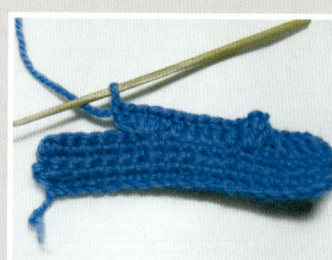

3　在同一针眼内钩出 5 针长针。

4　把钩针抽出。

5　将钩针插入最初长针的辫子针。

6　再插入最后的线圈。

7　把线圈从最初的辫子针中抽出。

8　绕线。

9　一次性引拨出线圈。

※ 中长针1针交叉

样片

1 针上挂线。

2 将针插入左侧第2针辫子针的针眼内。

3 挂线，抽出。

4 再挂线，一次性引拨穿出所有线圈。

5 针上再挂线。

6 将针插入左侧针眼内。

7 挂线，抽出。

8 再挂线，一次性引拨穿过所有线圈。

※ 长针1针交叉

样片

1 针上挂线。

2　将针插入左侧交叉的辫子针的针眼内。

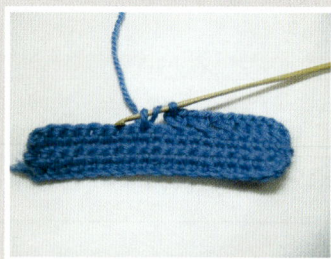

3　再挂线，抽出。

4　针上挂线。

5　引拨穿过 2 个线圈。

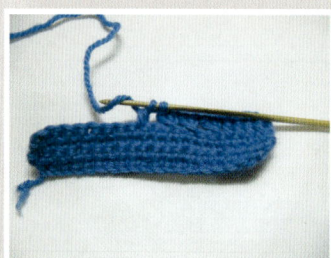

6　再次挂线。

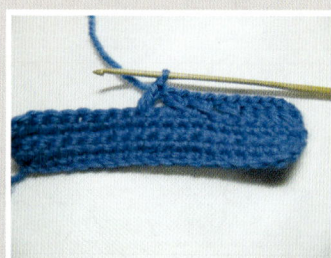

7　一次性引拨穿出剩余的线圈。

8　绕线。

9　将针插入右侧辫子针的针眼内。

10　挂线，抽出。

11　挂线。

12　引拨穿出 2 个线圈。

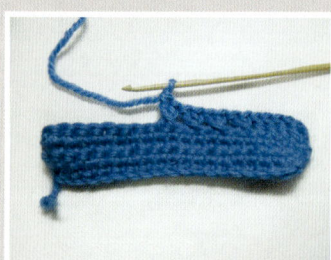

13　挂线，一次性穿出剩余的线圈。

※ 长长针 1 针交叉

样片

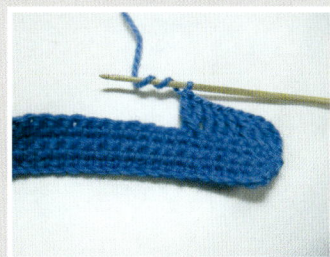

1 在针上绕 2 圈。

2 将针插入左侧交叉的辫子针针眼内，针上挂线，抽出。

3 针上挂线，引拨穿过 2 个线圈。

4 再一次挂线后穿过 2 个线圈。

5 第 3 次挂线后，一次性引拨穿出所有线圈。

6 在针上绕 2 圈。

7 将针插入右侧辫子针的针眼内，挂线，抽出。

8 针上挂线，引拨穿过 2 个线圈。

9 再一次挂线，引拨穿过 2 个线圈。

10 第 3 次挂线后，一次性引拨穿出所有线圈。

※ 长针 1 针左上 交叉

样片

1 在针上绕线。

2 将针插入左侧交叉的辫子针，织出长针。

3 绕线。

4 将针从后面穿进。

5 插入右侧辫子针的针眼内，挂线，抽出。

6 挂线，引拨穿出 2 个线圈。

7 再挂线，一次性引拨穿出所有线圈。

※ 长针 1 针右上 交叉

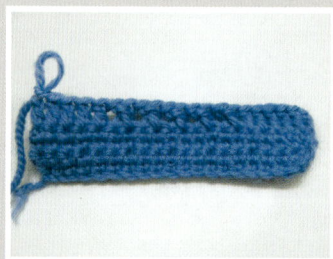

样片

1 在针上绕线。

2　将针插入左侧交叉的辫子针内，织出长针。

3　在针上绕线。

4　将针从前面插入右侧辫子针的针眼内。

5　挂线，抽出。

6　挂线，引拨穿过2个线圈。

7　再挂线，一次性引拨穿出所有线圈。

※ 1针分2针短针

样片

1　将针插入针眼内。

2　挂线，抽出。

3　再绕线，一次性拨出。

4　再在同一针眼内插入。

5　挂线，抽出。

6　绕线，一次性拨出。

※ 1针分3针短针

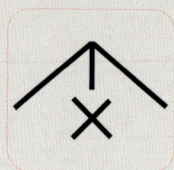

样片

1 将针插入针眼内。

2 挂线，抽出。

3 挂线，一次性引拨穿出线圈。

4 再将针插入同一针眼内。

5 挂线，抽出。

6 挂线，一次性引拨穿出线圈。

7 将针再次插入原针眼内。

8 挂线，抽出。

9 挂线，一次性引拨穿出线圈。

※ 1针分2针中长针

样片

1　在针上挂线。

2　插入辫子针的针眼内。

3　挂线，抽出。

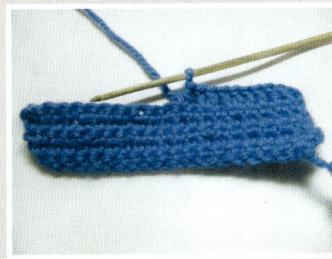

4　再挂线，一次性引拨穿过所有线圈。

5　绕线。

6　再将针插入同一辫子针的针眼内。

7　挂线，抽出。

8　再挂线，一次性引拨穿过所有线圈。

※ 1针分3针中长针

样片

1　在针上挂线。

2　将针插入辫子针针眼内。

3　织1针中长针。

4　挂线。

5　将针插入同一辫子针的针眼内。

6　织1针中长针。

7　挂线。

8　再插入同一辫子针的针眼内。

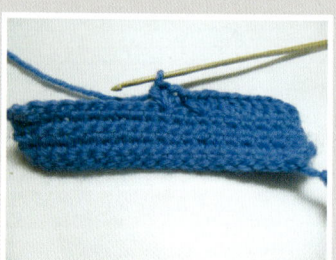

9　织1针中长针。

※ 1针分2针长针

样片

1　在针上绕线。

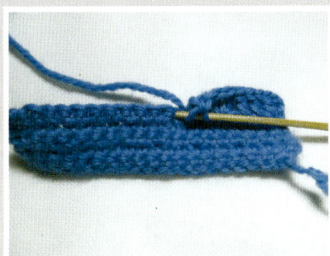

2　将针插入辫子针针眼内。

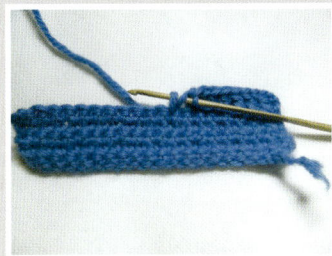

3　挂线，抽出。

4　挂线，引拨穿过2个线圈。

5　再挂线，一次性引拨穿过所有线圈。

6　绕线。

7　将针插入同一辫子针的针眼内。

8　挂线，抽出。

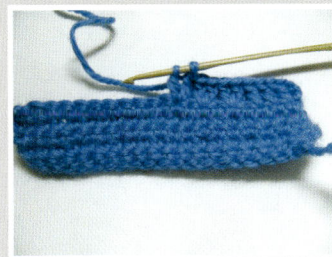

9　挂线，引拨穿过2个线圈。

10　再挂线，一次性引拨穿过所有线圈。

※ 1 针分 3 针长针

样片

1 在针上绕线。

2 将针插入辫子针的针眼内。

3 织 1 针长针。

4 挂线。

5 将针插入同一辫子针的针眼内。

6 织 1 针长针。

7 挂线。

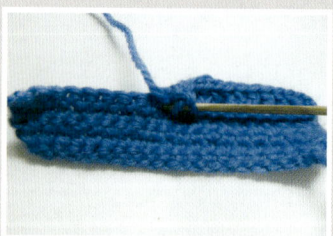

8 再插入同一辫子针的针眼内。

9 织 1 针长针。

※ 松针（1 针分 5 针长针）

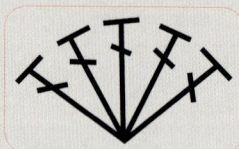

样片

1 在针上绕线。

2 在同一辫子针的针眼内同时钩出 5 针长针。

※ 短针2针并1针

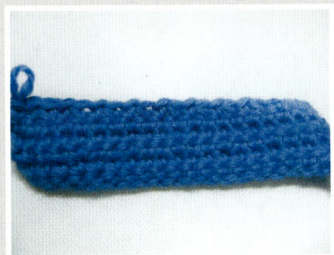

样片

1 将针插入辫子针的针眼内。

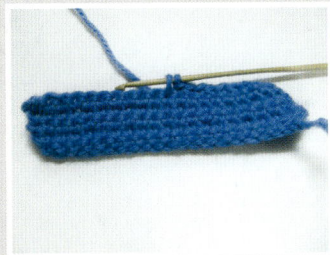

2 挂线，抽出。

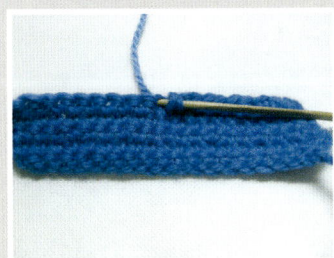

3 再插入第2针辫子针的针眼内。

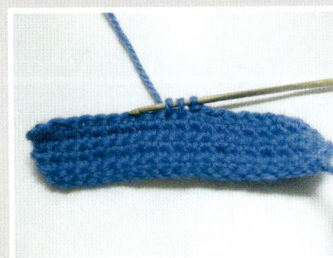

4 挂线，抽出。

5 挂线，一次性引拨穿过所有线圈。

※ 短针3针并1针

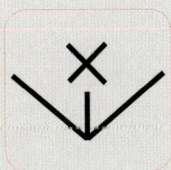

样片

1 将针插入辫子针的针眼内。

2 挂线，抽出。

3 再插入第2针辫子针的针眼内。

4 挂线，抽出。

5 再插入第3针辫子针的针眼内。

6 挂线，抽出，此时针上有3个线圈。

7 针上挂线，一次性引拔穿过所有线圈。

※ 中长针2针
并1针

样片

1 针上绕线。

2 将针插入辫子针的针眼内。

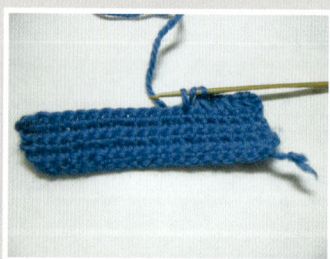

3 挂线，抽出。

4 针上再绕线。

5 将针插入第2针辫子针的针眼内。

6 挂线，抽出。

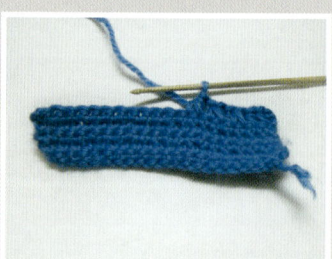

7 挂线，一次性引拔穿出2针未完成的中长针线圈。

※ 中长针3针
并1针

样片

1 针上绕线。

2 将针插入辫子针的针眼内。

3 挂线，抽出。

4 针上绕线。

5 将针插入第2针辫子针的针眼内。

6 挂线，抽出。

7 再次绕线。

8 将针插入第3针辫子针的针眼内。

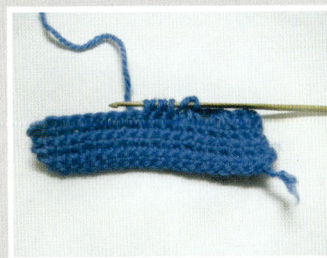
9 挂线，抽出。

10 挂线，一次性引拨穿过3针未完成的中长针的线圈。

※ 长针2针并1针

样片

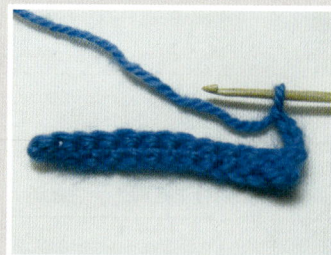

1 钩5针辫子针。

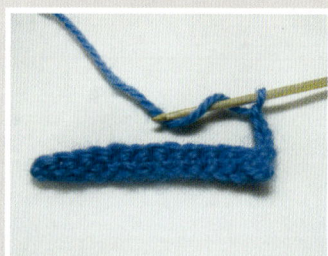

2 挂线。

3 插入前方的针圈内，挂线，抽出。

4 挂线，引拨穿出2个线圈（这是第1针未完成的长针）。

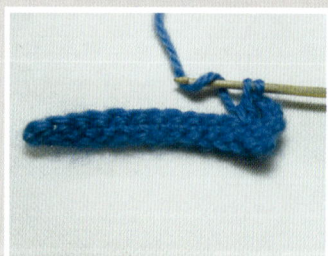

5 挂线。

6 再插入前面的针圈内，挂线，抽出。

7 挂线，引拨穿出2个线圈（第2针未完成的长针）。

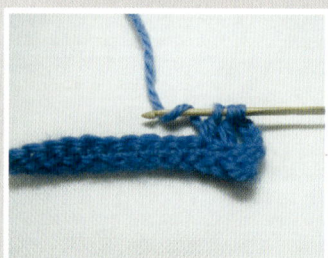

8 挂线。

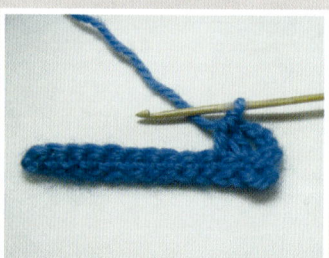

9 一次性引拨穿过2针未完成的长针和线圈。

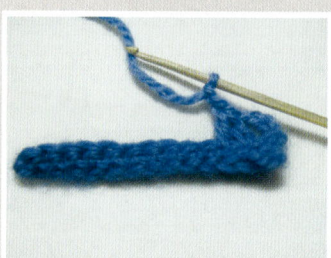

10 再钩2针辫子针。

※ 长针 3 针并 1 针

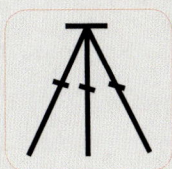

样片

1 针上绕线。

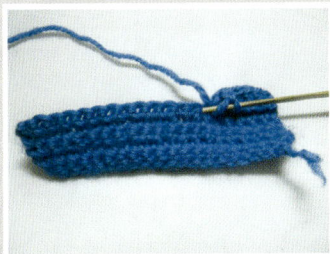

2 将针插入辫子针的针眼内。

3 挂线，抽出。

4 挂线，引拨穿出 2 个线圈。这就是第 1 针未完成的长针。

5 挂线，将针插入第 2 针辫子针的针眼内。

6 织第 2 针未完成的长针。

7 挂线，将针再插入第 3 针辫子针的针眼内。

8 再织第 3 针未完成的长针。

9 针上挂线，一次性引拨穿过 4 个线圈。

※ 长针4针并1针

样片

1 针上绕线。

2 在第1个辫子针针孔内织1针未完成的长针。

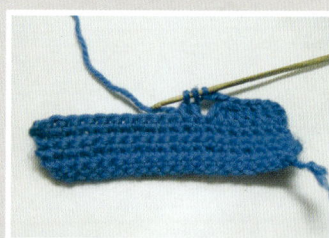

3 挂线，在第2针辫子针针孔内织第2针未完成的长针。

4 挂线，在第3针辫子针针孔内织第3针未完成的长针。

5 挂线，在第4针辫子针针孔内织第4针未完成的长针。

6 挂线，一次性引拨穿过5个线圈。

※ 内钩短针

样片

1 将针由外向内穿入第1针辫子针的针眼内。

2 再插入第2针辫子针的针眼内。

3 挂线，抽出。

4 挂线，一次性引拨穿出2个线圈。

※ 外钩短针

样片

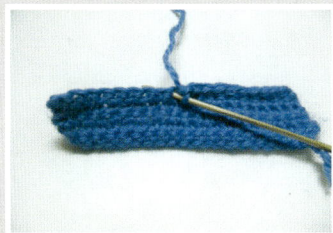

1 将针插入辫子针的第 1 个针眼内。

2 再从第 2 个针眼穿出来。

3 挂线。

4 抽出。

5 挂线，一次性引拨穿出所有线圈。

※ 内钩中长针

样片

1 在针上挂线。

2 将针由后向内穿入第 1 个针眼内。

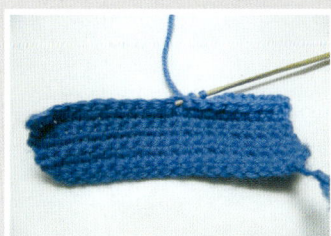

3 再插入第 2 个针眼内。

4 挂线，抽出。

5 挂线，一次性引拨穿出所有线圈。

※ 外钩中长针

样片

1 在针上绕线。

2 将针插入第1针辫子针的针眼内。

3 再从第2个针眼内穿出来。

4 挂线，抽出。

5 挂线，一次性引拨穿出所有线圈。

※ 内钩长针

样片

1 针上挂线。

2 从长针的内侧横向插入钩针。

3 挂线，抽出。

4 挂线，引拨穿出2个线圈。

5 挂线，引拨穿出2个线圈。

※ 外钩长针

样片

1　针上挂线。

2　从长针的横向将针插入。

3　挂线，抽出。

4　挂线，引拨穿出2个线圈。

5　挂线，引拨穿出2个线圈。

※ 外钩2针长针

样片

1　在针上绕线。

2　将针横向插入前行长针处。

3　挂线，抽出。拉长线圈，钩1针长针。

4　钩若干短针到下1针长针为止。

5　挂线。

6　再在原来钩长针的位置钩第2针长针。

※ Y字长针（Y形针）

样片

1 在针上绕2圈。

2 将针插入第4针辫子针的针眼内。

3 挂线，抽出。

4 挂线，引拨穿出2个线圈。

5 挂线，引拨穿出2个线圈。

6 挂线，引拨穿出2个线圈。

7 织1针辫子针。

8 挂线，将针插入长长针中。

9 挂线，抽出。

10 挂线，引拨穿出2个线圈。

11 挂线，引拨穿出2个线圈。

※ 萝卜丝短针（短环针）

样片

1 先将线从前面放在直尺后面。

2 将针插入辫子针的针眼内。

3 挂线，引出。

4 再挂线，一次性引拨穿出 2 个线圈。

※ 萝卜丝长针（长环针）

样片

1 先将线从前面放在直尺后面。

2 挂线，将针插入辫子针内。

3 挂线，抽出。

4 挂线，引拨穿出 2 个线圈。

5 挂线，引拨穿出 2 个线圈。

※ 狗牙拉丝针（3 针辫子针）

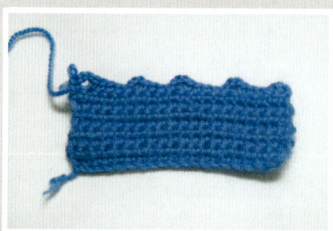

样片

1 在短针中织 3 针辫子针。

2 将针插入辫子针和短针交接处的针眼内。

3 挂线，一次性引拨穿出线圈。

4 再将针插入左侧辫子针中，接着织 2 针短针。

5 继续按以上步骤重复编织。

※ 狗牙针（3 针辫子针）

样片

1 在短针中织 3 针辫子针。

2 再将钩针插入前 1 行的辫子针中。

3 挂线，抽出。

4 挂线，一次性引拨穿过线圈。

5 织 4 针短针。

6 重复以上步骤编织。

钩针的端处加减针

※ 长针 1 针的右侧减针法

样片

1 钩立针的 2 针锁针（即 2 针辫子针）。

2 挂线。

3 插入第 2 个针眼内。

4 挂线，抽出。

5 引拔穿出 2 个线圈（即未完成的长针）。

6 挂线，2 针并 1 针。

※ 长针 1 针的左侧减针法

样片

1 将长针织到左侧剩 2 针处。

2 挂线。3 插入前方针眼，挂线，抽出。4 一次引拨穿出 2 个线圈。5 挂线。6 再插入最后针眼里挂线，抽出。7 一次性引拨穿出 2 个线圈。8 挂线。9 一次性引拨穿出所有线圈。

※ 长针2针的右侧
　减针法

样片

1 钩立针的3针辫子针，由于端边是斜的，为了使其变紧，钩3针锁针（即辫子针）。

2 挂线，插入前方针眼内。

3 挂线，抽出。

4 挂线，引拨穿出2个线圈。

5 再插入前面针眼内。

6 挂线，抽出。

7 挂线，引拨穿出2个线圈。

8 挂线。

9 一次性引拨穿出所有线圈（即3针并1针）。

※ 长针 2 针的左侧
减针法

样片

1 将长针织到左侧剩 3 针停止。

2 挂线。

3 将针插入前方针孔内，挂线，抽出。

4 挂线，引拨穿出 2 个线圈。

5 挂线。

6 将针插入左侧第 2 个针眼内，挂线，抽出。

7 挂线，引拨穿出 2 个线圈。

8 挂线。

9 将针插入左侧第 1 个针眼内，挂线，抽出。

10 挂线，引拨穿出 2 个线圈。

11 挂线。

12 一次性引拨穿出所有线圈。

※ 长针1针的右侧 加针法

样片

1 钩立针的3针锁针。

2 挂线。

3 将针插入右端第1个针眼内，挂线，抽出。

4 挂线，引拨穿出2个线圈。

5 挂线。

6 引拨穿出2个线圈，加针完毕。

※ 长针1针的左侧加针法

样片

1 织到最后都钩长针。

2 挂线。

3 再插入左端的第1个针眼内，挂线，抽出。

4 挂线，引拨穿出2个线圈。

5 挂线，一次性引拨穿出2个线圈。加针完毕。

※ 长针 2 针的右侧加针法

样片

1 织立针 3 针锁针（即辫子针）。

2 挂线。

3 插入右端的第 1 个针眼内，挂线，抽出。

4 挂线。

5 引拨穿出 2 个线圈。

6 挂线。

7 引拨穿出 2 个线圈。

8 挂线。

9 再插入原右端的第 1 个针眼内。钩出未完成的长针。

10 挂线。

11 一次性引拨穿出所有线圈，加针完毕。

※ 长针2针的左侧
加针法

样片

1 织物织完最后的长针。

2 挂线。

3 插入左端的第1个针眼内，挂线，抽出。

4 挂线，引拨穿出2个线圈。

5 挂线。

6 再引拨穿出2个线圈。

7 挂线。

8 再插入原左端的第1个针眼内，挂线，抽出。

9 挂线。

10 引拨穿出2个线圈。

11 挂线。

12 引拨穿出2个线圈，加针完毕。

钩针的扣洞和扣环

※ 短针的扣洞

样片

1 钩3针锁针（即3针辫子针）。

2 将针插入前方第3个针眼内。

3 继续钩短针。

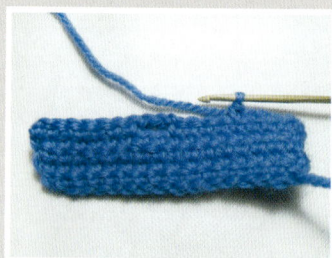

4 反过来再继续钩短针。

5 将针插入第1针锁针里山。

6 挂线，抽出。

7 挂线，引拨穿出2个线圈。

8 再插入第2针锁针里山。

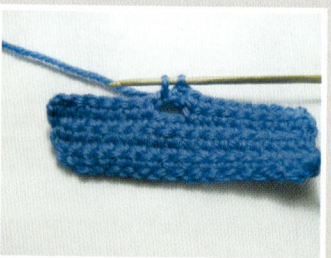

9 挂线，抽出。

10 挂线，引拨穿出2个线圈。

11 最后，插入第 3 针锁针里山。

12 挂线，抽出。

13 挂线，引拨穿出 2 个线圈，继续钩短针。

※ 引拨编织的扣环

样片

1 钩 8 针锁针。

2 将针抽出插入第 6 个针眼内。

3 将锁针的环从针眼里抽出。

4 插入锁针里山。

5 挂线，一次性引拨穿出线圈。

6 再插入锁针里山。

7 挂线，一次性引拨穿出线圈，重复以上步骤。

※ 短针的扣环

样片

1 钩7针锁针。

2 将针抽出，插入第6个针眼内。

3 穿进锁针环里。

4 引拨抽出。

5 将针穿入锁针环里。

6 挂线，抽出。

7 引拨，抽出。

8 再穿入锁针环里。

9 挂线，抽出。

10 引拨，抽出。

11 继续钩出9针短针。

12 连续织短针。